高等学校规划教材·机械工程

产品工业设计表现技法

康文科　编著

西北工业大学出版社

西　安

【内容简介】 本书结合作者多年的教学与设计实践,以企业产品开发设计流程为基础,介绍了产品设计手绘以及计算机辅助设计表现的实用技法,通过图例及表现技法流程的展示,按照由浅入深、循序渐进的原则,帮助读者能够快速理解产品设计表现的目的、要点及方法。本书共六章,内容包括概述、透视的基本知识与常用方法、产品设计草图表现技法、产品设计效果图表现技法、产品设计模型表现技法和计算机辅助产品设计表现技法。

本书适用于高等院校工业设计、产品设计类本科生和研究生使用,同时也可供从事工业产品设计的职业设计师及其他相关学科的人员参考使用。

图书在版编目(CIP)数据

产品工业设计表现技法 / 康文科编著. — 西安 :
西北工业大学出版社,2022.11
ISBN 978 - 7 - 5612 - 8407 - 0

Ⅰ. ①产… Ⅱ. ①康… Ⅲ. ①工业产品-产品设计-
绘画技法 Ⅳ. ①TB472

中国版本图书馆 CIP 数据核字(2022)第 221232 号

CHANPIN GONGYE SHEJI BIAOXIAN JIFA
产 品 工 业 设 计 表 现 技 法
康文科 编著

责任编辑:查秀婷		策划编辑:何格夫	
责任校对:李文乾		装帧设计:李 飞	

出版发行:西北工业大学出版社
通信地址:西安市友谊西路 127 号   邮编:710072
电　　话:(029)88491757,88493844
网　　址:www.nwpup.com
印　刷　者:西安真色彩设计印务有限公司
开　　本:787 mm×1 092 mm   1/16
印　　张:2.75
字　　数:62 千字
版　　次:2022 年 11 月第 1 版   2022 年 11 月第 1 次印刷
书　　号:ISBN 978 - 7 - 5612 - 8407 - 0
定　　价:20.00 元

前　言

随着社会经济的快速发展,工业产品设计已经由传统的功能实现向注重产品功能、材料、结构、色彩、材质等多因素协调,同时全面满足消费者个性化需求的方向发展。在这个过程中,工业设计作为新型交叉学科,强调技术与艺术、科学与美学的融合,对经济发展起到了积极的推动作用。而作为工业设计过程中的视觉展示手段,设计表现发挥着重要的桥梁和促进作用。

设计是一个将构想转化为现实的创造性过程。为了实现这一过程,设计师除了要具备广泛的工程技术知识、深厚的美学素养、扎实的造型基本功外,还必须熟练掌握从设计资料收集、整理、分析,设计思路展开、记录,初步设计规划,设计方案优化,设计方案确定,设计思路说明书的撰写到模型制作等一系列设计表现技能。

本书从教与学的角度出发,以文字和图片相结合的形式系统介绍了产品设计流程不同阶段设计表现的形式和特点,对设计初期的草图表现、设计中期的效果图表现、设计后期的计算机辅助设计表现以及设计验证阶段的三维模型表现等过程也进行了详细的说明。

本书内容共分为六章,第一章介绍产品设计表现的基本概念、设计表现的常用表现形式;第二章介绍产品设计表现的透视学基础,不同透视表现方法的特点及适用对象,常用产品设计表现图的快速透视画法等;第三章介绍产品设计草图表现技法,从基本线条训练到复杂产品形态表现等;第四章介绍产品设计效果图表现技法,包括底色表现技法、钢笔淡彩表现技法等;第五章介绍产品设计模型表现技法,不同材料制作产品模型的特点和使用范围等;第六章介绍计算机辅助产品设计表现技法,常用计算机软件特点,产品设计表现的优势及表现效果等。

本书适用于高等院校工业设计、产品设计类本科和研究生使用,同时也可供从事工业产品设计的职业设计师及其他相关学科的人员参考使用。

在编写本书的过程中,得到西北工业大学工业设计系的大力支持,感谢他们提出的宝贵意见和建议。

由于水平有限,书中难免存在不妥之处,恳请读者给予批评和指正!

康文科

2022 年 1 月

目　　录

第一章 概 论

第一节 工业设计与设计表现

一、工业设计表现概述

20 世纪学术界最显著的特点之一就是各种学科之间的界线已经被冲破,各种学科、专业相互交叉、融合,形成新的学科领域。工业设计就是在这样的背景下产生的。它是用科学和艺术手段进行综合设计和创造的一门新兴学科。

工业设计是将工程设计与美学艺术相互结合的创造性活动。国际工业设计协会理事会对工业设计的定义是"就批量生产的工业产品而言,凭借训练、技术、知识、经验及视觉感受而赋予材料、构造、形态、色彩、表面加工及装饰以新的品质"。工业设计的最高宗旨在于通过工业品的优化设计和创造来改善和提高人类生活品质和工作条件,满足人们在物质和精神方面的要求。工业设计的范围极为广泛,它主要包括产品设计、视觉传达设计和环境设计等三个方面的内容。其中,视觉传达的对象是产品,而环境又是由各种各样的产品构成的,所以产品设计是工业设计的核心。

设计表现是随着工业设计活动而产生、发展的一种工作方法。概括地说,它是设计师在产品设计过程中,为了表达自己的设计意图和设计构想,运用各种媒介、技巧和手段来说明设计构想,传递设计信息,交流设计方案,并以此征询评审意见的工作,是整个设计活动中将构想转化为可视形象的重要环节。

现代工业产品的设计表现已从传统的以加工制造为目的的工程图样的单一表现形式,扩展到以展示产品视觉、触觉形象为主的更实用、更科学、更广泛的领域。其中在表现形式上主要包括用于确立设计目标的文字和图表形式,用于设计构思和方案选择的设计简图形式,用于设计方案评价与决策的效果图与展示模型形式,用于生产制造、检验及使用的工程图样和样机模型形式。在表现手段上,除人工绘制的各种图样和制作模型外,目前已逐步实现用计算机图形显示和图形处理系统来完成产品造型设计及其设计表现,进而使现代工业产品的设计工作进入了一个崭新的阶段。

二、设计表现的特点

工业产品设计是将工程技术与美学艺术融合为一体,以创造既有实用价值又有审美价值的现代工业产品为目的一门新型综合学科,其设计表现的内容和形式具有以下特点。

1.创意性

产品的设计过程是一个不断创新、创造的过程,在这个过程中的每一阶段所展示出的产品功能、结构和形态都要充分体现出全新的、与众不同的品质和规格。不同的设计构思方案是通过设计表现的可视形象来体现的,在设计表现的过程中,各种设计方案不断加以比较、借鉴和改进,并最终完成。因此,设计表现不仅是描述工业产品设计方案的技术手段,而且是激励创造构思、发展想象力的一种形象思维方式。

2.快捷性

随着全球化趋势的进一步发展,现代产品市场竞争非常激烈,各类产品的市场更新周期进一步缩短,这就要求企业不断以新的产品占领和维持市场优势,快速更新产品设计方案,缩短产品开发周期。产品设计是一种思维快速发展的过程,有些好的创意和构思转瞬即逝。好的创意和发明,必须借助某种途径尽快表达出来。设计师要善于抓住这些创意点,必须具有快速记录、表现的能力,也就是必须具有快速表现的技法和手段。另外,在设计方案沟通过程中,将其他设计人员和客户对产品设计的建议及时记录下来或以图形表示出来,也是设计师优化和完善设计方案的重要途径。因此,快速的设计表现技法成为工业设计师非常重要的实践能力。

3.科学性

产品设计表现的平面图样和立体模型都是促进产品最终实现的必要环节和手段。因此,必须客观、真实、准确地表现出产品的结构关系、功能原理、造型形态、材质、工艺,并附有必要的文字说明,这样才能有效、可靠地表现出产品从无到有、从设计到生产的每一环节。没有科学的表达就无法正确地沟通和判断。产品设计表现通过产品色彩、质感的表现和艺术的刻画体现出产品的真实视觉效果,让人们了解到新产品的各种特性以及在一定环境下的真实效果,便于各方面人员都能感受并理解设计意图。产品设计表现应具有真实性,能够客观地传达设计者的创意,忠实地表现设计的完整造型、结构、色彩、工艺精度,从视觉的感受上,建立起设计者与观察者之间的桥梁。

4.说明性

最简单的图形往往比单纯的语言文字更富有直观的说明性。设计师要想表达设计意图,必须通过各种方式进行展示说明,如设计草图、透视图、效果图等都可以达到说明的目的,尤其是带有色彩信息的产品设计表现图,可以充分地表达产品的形态、结构、色彩、质感、量感等,同时还能表达出产品中蕴含的无形韵律、形态性格、美感等抽象的内容,更加便于消费者完整、充分地了解产品设计方案的各种信息。

5.系统性

工业产品设计从确定设计与开发的目标开始,到最终实现产品生产制造的过程,是一个以产品为研究中心的系统化设计过程。这个系统从小到大包含三层含义:①以机械、电子、声、光、电、控制、自动化、网络化为代表的产品自身的功能、形态、结构和材料系统;②以"人机交互"为核心的宜人性人机工程系统;③以"人—机—环境"和谐共存,绿色设计、可持续发展为宗旨的生态化设计系统。

二、设计表现图的重要性

设计是一个将构想转化为现实的创造性过程。为了实现这一过程,设计师除了要具备广泛的工程技术知识、深厚的美学素养、扎实的造型基本功外,还必须熟练掌握设计资料收集、整理、分析,设计思路展开、记录,初步设计规划,设计方案优化,设计方案确定,设计思路说明书的撰写,模型制作等一系列设计表现技能。在这些设计表现技法中,最重要的是设计表现图的绘制,因为无论在设计的哪个阶段和层次,设计表现图都发挥着极其重要的作用。

1.设计表现图是设计师的特殊语言

设计师的想象不是纯艺术的幻想,而是利用科学技术把想象转化为对消费者有用的实际产品。这就需要把想象先加以视觉化,这种把想象转化为现实的过程,就是运用设计专业的特殊绘画语言把想象表现在图纸上的过程。因此,设计师必须具备良好的绘画基础和一定的空间想象力。设计师只有具有较高的表现技法,才能在绘图中得心应手,才会充分地表现产品的形态、色彩、质感等,引起人们视觉感受上的共鸣。

2.设计表现图是设计领域有效的沟通工具

现代工业设计不同于传统的工程化设计,现代工业的产品设计者和生产制造者不可能是同一个个体,现代工业设计经常需要进行群体性协作,采用集体思考的方式来解决问题。在设计过程中,不同的设计师、企业决策人、工程技术人员、营销人员乃至使用者或消费者之间互相启发,提出合理性建议,有利于完成产品设计。而这些人员之间的交流与沟通必须借助大家都能够理解的形式,才能有效地进行。这时,基于人们基本视觉习惯,符合大众认知能力的设计表现图就成为设计领域中重要的沟通工具。

3.设计表现图是企业推销产品的有力武器

企业为了要推动新产品销售,必须借助不同方式向消费者宣传自己的产品。一种是运用摄影技巧,加上精美的说明文字,进行广告宣传,但是照片无法表现出超现实的、夸张的、富有想象力的视觉效果;另一种就是运用专业绘画的特殊技法,将产品夸张或有意地简略概括,使产品的主体形象更加突出、鲜明、生动。与以照片为基础的广告相比,消费者对产品多了几分憧憬和神秘感,更容易产生消费兴趣。因此,设计表现图成为企业推销产品的有力武器。

第二节　设计表现的基本形式

按照产品开发设计的基本规律,产品设计过程可归纳为四个阶段,即设计准备阶段、设计展开阶段、设计定案阶段和设计完成阶段。在这四个阶段中,设计师常常要根据不同阶段的工作内容、信息特点,采用多种媒介来对其创造意图和构想进行说明、陈述和演绎。这就要求设计师必须掌握市场调查分析报告撰写、草图设计、效果图设计、产品工程图绘制、模型制作、设计报告书撰写等一系列的表现技法,来应对在不同设计阶段设计表现的不同传达功能和目的。

一、产品设计的平面表现

产品设计表现图是将设计者脑海中所构思的空间形象,通过二维的平面表现出来,以得到产品的具体形象和印象的过程,如产品的形态、尺度、材质、色彩等造型特征。其表现形式的特点:① 灵活运用多种设计表现媒介,快捷、便利,符合不同设计阶段表达的需要;② 以透视学原理作为画面表现的基础,符合人的基本视觉认知规律,便于理解和沟通;③ 强调对设计物的结构、材质、构型关系的真实表现,能够满足对产品功能、结构、形态、色彩等信息的直观说明。

由于平面表现的形式比较简单,可以快速准确地记录设计思维的发展,因而成为设计师的重要表达方式。产品设计表现图可以分为设计草图、设计效果图、产品工程图等。

1.设计草图

设计草图是在产品设计构思阶段徒手绘制的简略产品图样。它以最简练的表现技法快速记录和捕捉瞬间即逝的灵感和构思,最大限度地表达出产品设计的各种方案,设计草图具有快速灵活、简单易作和记录性强的特点,绘制中无须拘泥于细节或精确到细节。设计草图有利于大量设计方案的产生和设计思路的扩展。它在产品设计构思阶段具有重要意义。

2.设计效果图

设计效果图是经过多方案评价、优比、选择之后,在初步确定基本设计方案的基础上,运用各种不同的表现技法绘制而成的一种能够真实、准确、清晰表达产品形态、色彩、材质等形态特征的直观图样。

3.产品工程图

作为工程领域的专用语言,工程图是在产品设计的最终阶段用来正确合理地表达产品的功能原理、结构关系、装配关系、使用方法、检验要求及零部件的外形尺寸、加工工艺、材料等多种技术要求,可作为产品加工生产的指导性文件图样。

二、产品设计的立体表现

产品设计的立体表现形式就是产品形态验证的模型以及产品功能、结构、工艺验证的样机。模型和样机是最为接近真实产品的三维立体表现形式，可以从不同的角度对其进行观察和研究，并可以通过触觉对产品的形态、尺度、结构等进行实际的体验和判断，是最为直观的设计表现形式。通常在设计实践中，在产品投产之前必须经过模型以及样机的制作来对设计方案进行最后的确认。但是模型的制作和样机的试制费工耗时，不易修改，因而不适用于设计的展开阶段，往往是设计基本定案阶段的工作。

第二章 透视的基本知识与常用方法

第一节 透视的基本知识

在现实生活中,人们都有这样的视觉经验:等大的物体看上去近大远小,等距的物体如常见的路边电杆、铁轨等,看上去近处的间隔大,远处的间隔小,这就是常说的透视现象。

透视学是一门研究和解决外界景物投射到人眼里视觉感知的科学现象。比如我们隔着玻璃窗看外面的景物,并将外面景物投射在玻璃上的图形描绘在玻璃上,所描下的图形就是具有透视规律的立体图形。它在玻璃上正确地反映了外面景物透视变化的现象。产品的设计表现就是利用这个原理来实现在二维平面上展示产品的三维视觉形象。为了在二维平面展示三维视觉效果,产品设计就必须突出和强调这种透视效果,以尽可能小的画面表达出产品逼真的视觉效果。

关于透视图的绘制,一直存在着不同的观点和方法。有的人认为,因为有视错觉的存在,透视图不必画得很正确;有的人则强调准确,以至不厌其烦地用严格的几何方法求作透视;有的人则追求快速,用徒手作画,不管是否真实准确。其实,产品的设计表现毕竟不同于美术作品,其主要目的是正确反映产品形象。如果透视图不能表示设计物的尺寸概念和空间结构关系,又怎样传达出真切的预想效果而取得他人的认同呢?因此,"准确"是透视的基本要求。另外,传统的透视几何求法,作图步骤烦琐,不易掌握和运用,使用不当透视技法这个工具和手段反而会变成创造思维拓展的羁绊。因此,在设计实践中,我们不妨在不违背透视原理的基础上,采用一些简单易行的方法,如基本形体采用几何求法,局部细节凭视觉判断和徒手画的结合方式,就可大大简化作图过程,获得既准确又快捷的效果。基于这种考虑,除了透视的基本知识外,本节扼要地介绍了几种实用性强的简洁透视画法,以供设计者在实践中参考。

一、透视图的种类及其应用

由于物体相对于画面的位置和角度不同,在产品的设计表达中通常会采用三种不同的透视图形式,即一点透视、两点透视和三点透视。下面以立方体为例,说明三种透视图类型及其应用。

1．一点透视

当立方体三组平行线中的两组平行于画面时,另一组线条则仍保持原来的水平和垂直状态不变。只有与画面垂直的那一组线形成透视,相交于视平线上的心点透视点。由于这种透视图表现的立方体有一个面平行于画面,故亦称之为"平行透视"。

2．两点透视

当立方体只有一组平行线(通常为高度)平行于画面时,长与宽的两组平行线各向左、右方向延伸,交于视平线上的两个灭点。因为物体的正、侧两个面均与画面成一定的角度,故亦称为成角透视。两点透视能较全面地反映物体几个面的情况,且可根据构图和表现的需要自由地选择角度,透视图形立体感较强,故为效果图中应用最多的透视类型。

3．三点透视

当正方体的三组平行线均与画面倾斜成一定角度时,这三组平行线各有一个灭点,称之为三点透视或倾斜透视。三点透视通常呈俯视或仰视状态,常常用于加强透视纵深感,表现高大物体。

二、透视的原理

透视是由人眼的生理视觉作用形成的物理现象。眼球的前部结构是晶状体,由透明的角膜、虹膜和瞳孔组成,如同照相机的镜头,晶状体后面的玻璃体如同暗箱,再靠后一层是视网膜,如同照相机的底片。当外界物象投射到眼球,透过瞳孔、晶状体和玻璃体到视网膜上时,"像"就产生了,于是我们的视神经就感觉到外界的物象。外界物象通过瞳孔投射到视网膜上会形成一个视角,距离眼睛近的物体,由于视角大,所以成像就大;距离眼睛远的物体,由于视角小,所以成像也就小。

三、透视常用名词

要研究透视学知识,必须先了解有关透视学的名词,透视常用名词如下。

(1)视点:指人的眼睛位置。

(2)视高:指人的眼睛所处的高度。

(3)视阈:外界景物射入眼球的时候形成一个锥体,视锥的底叫作视阈。当目光固定在一个方向时,眼睛所见到的前方全部范围,称"可见视阈",其视角约为100°,在可见视阈中间的60°视觉范围称"正常视阈",在正常视阈内所看景物比较清晰,30°视角为最清楚视阈。

(4)视轴:又称中视线,是视锥的中垂线。

(5)视平线:指画面上与视点等高的一条水平线。视平线随着视点位置的高低而变化,并与中线垂直。一点透视、二点透视、三点透视的消失点都是根据视平线确定的,因此它的位置在透视中具有重要的作用。

在产品设计表现的过程中,掌握一些基本的透视知识是非常重要的,对表现产品的立体感起到重要的作用。

四、透视的基本规律

1.平行透视的基本规律

(1)水平线始终平行,垂直线始终垂直,只是近大远小,比例变化。

(2)凡与画面成90°直角的线,都消失于主点。平行透视只有一个消失点,该消失点就是主点。

(3)平行透视的形体变化,是随着视点位置的变化而变化。平行透视应用在画面上容易造成视觉上的集中、平衡、稳定和庄重的感觉。

2.成角透视的基本规律

(1)与视平线成角或与画面成角的线,与其他成角的线最终交于一点,都是消失于据点或余点。

(2)余点在视平线上位于主点的左右,余点角度越小,离主点越远,角度接近90°,离主点越近。

(3)成角透视中的景物,至少有两个以上的消失点。成角透视在表现物象上被经常采用。它与平行透视相比,有很强的空间立体深度,能较充分展现所描绘的客观物象的特征。

3.倾斜透视的基本规律

(1)仰视时左、中、右三根线向上延伸相交,消失于视平线上方的"天点"。

(2)俯视时左、中、右三根线向下延伸相交,消失于视平线下方的"地点"。

(3)与画面成角的上中下线向左右延伸相交,消失于视平线上的主点。

倾斜透视主要用于表现高大的形体和其他多方位、多角度的形体变化,在画面中容易形成高大、挺拔、起伏运动的感觉。

第二节　设计表现图常用透视方法

一、一点透视画法

一点透视画法如图 2.1 所示。

(1)作正立方体正面实形 $abcd$,在适当位置作视平线 $H.L.$,并设定心点 $C.V.$,分别

将 a、b、c、d 与心点 $C.V.$ 相连（这些连线即为立方体垂直于画面的平行灭线）。

（2）在视平线 $H.L.$ 上适当位置设定距点 $D.P.$，该点即为立方体顶面与底面的对角线的灭点；连接点 b、$D.P.$ 与点 a、$C.V.$ 交于点 e，过点 e 作水平线交点 b、$C.V.$ 的连线于点 f，连接点 a、e、f、b，即求得立方体顶面的透视形（可依同理先求立方体底面透视形）。

（3）分别自点 e 和点 f 引垂线交点 d、$C.V.$ 的连线和点 c、$C.V.$ 的连线于点 h 和点 g，这样就画出立方体左右两侧面的透视形。

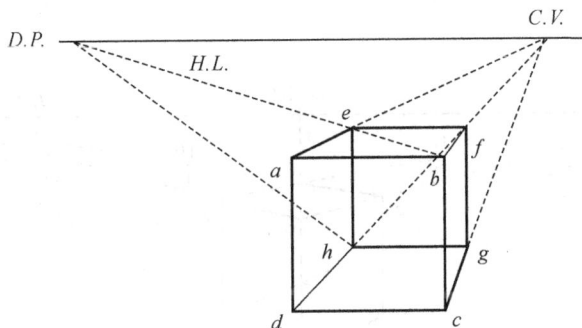

图 2.1　一点透视画法

二、两点透视（45°）画法 I

设正立方体的左右两侧面均与画面成 45° 角时，透视作法如图 2.2 所示。

（1）在视平线 $H.L.$ 两端设定左、右两灭点 $V.P.L.$ 和 $V.P.R.$，并取其中点为对角线灭点 $D.V.P.$，由 $D.V.P.$ 引铅垂线，并在此线上设定正方体的接近点 a，自点 a 分别向左、右两灭点连线 1、2，即为立方体底面两边线；在点 $D.V.P.$、a 的连线上适当位置设定正方体底面的远点 c，过点 c 分别连线 3、4 至左、右两灭点 $V.P.L.$ 和 $V.P.R$ 并延长交线 1、2 于点 b 和点 d，即求得立方体底面透视形 $abcd$。ac 为对角线。

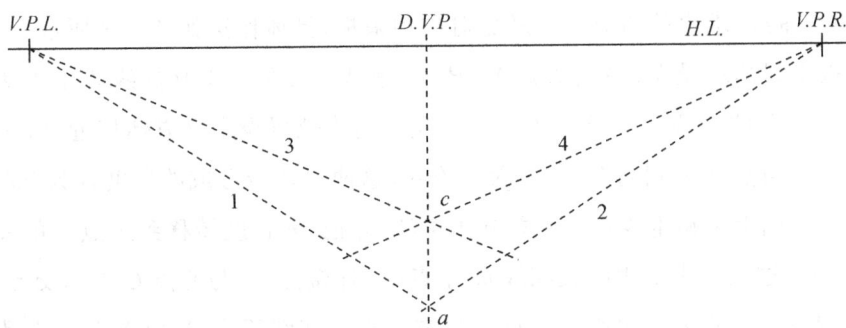

图 2.2　正方体 45° 两点透视画法 I

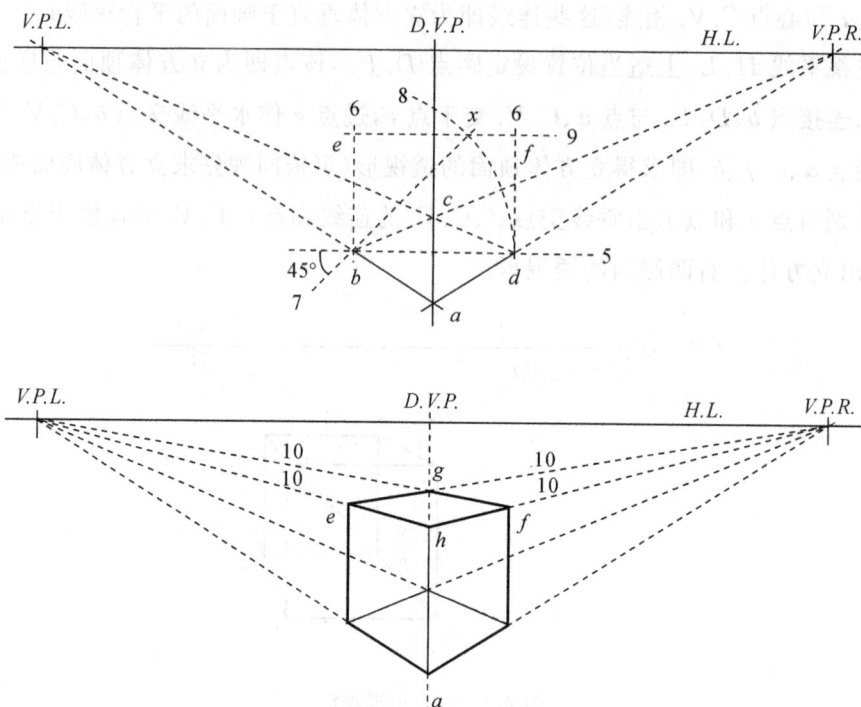

续图 2.2 正方体 45°两点透视画法Ⅰ

(2)作另一对角线 5 平行于视平线;过点 b 和点 d 引铅垂线 6;以点 b 为圆心,bd 为半径作弧线 8;过点 b 作 45°线下交弧线 8 于点 x;过点 x 作水平线 9 交线 6 于点 e 和点 f,即求得立方体对角平面 efdb。

(3)过点 e、f,引线 10 连接两灭点并延长,交点 D.V.P、a 的连线于点 g 和点 h,即完成立方体两侧面和顶面的透视。

三、两点透视(45°)画法Ⅱ

用 45°作法Ⅰ画出的透视图,立方体两侧面完全对称而略感呆板,如将立方体接近点 a 稍为偏离中心垂线,求出的图形就会避免对称和呆板,具体作法如图 2.3 所示。

(1)在视平线两端设左、右两灭点 V.P.L. 和 V.P.R.,并取其线段中点为心点 C.V.,由心点引铅垂线 C.V.L.,于线 C.V.L. 左右适当位置设定立方体接近点 a;过点 a 作水平测线 m,并自点 a 分别向左、右两灭点连线,这两条连线形成的角度宜为 90°。

(2)由点 a 向上引铅垂线 ae,ae 立方体实高,并把 ae 长度转移到过点 a 的 45°倾斜线上,设 ae＝aa_1,过点 a 引铅垂线交测线 m 于点 a_2,连接点 a_2 与心点 C.V.,交点 a 与左灭点的连线于点 b。过点 b 引水平线交点 a 与右灭点的连线于点 d;由点 b、d 分别连接左、右灭点并互交于点 c,则 abcd 为所求的立方体底面的透视。

(3)由点 b、c、d 分别向上引铅垂线 l、2、3;由点 e 分别连接两灭点并与线 1 和 2 交于

点 f 和点 g。由点 f、g 分别连接两灭点并互交线 3 于点 h，即求出立方体的 45° 透视图。

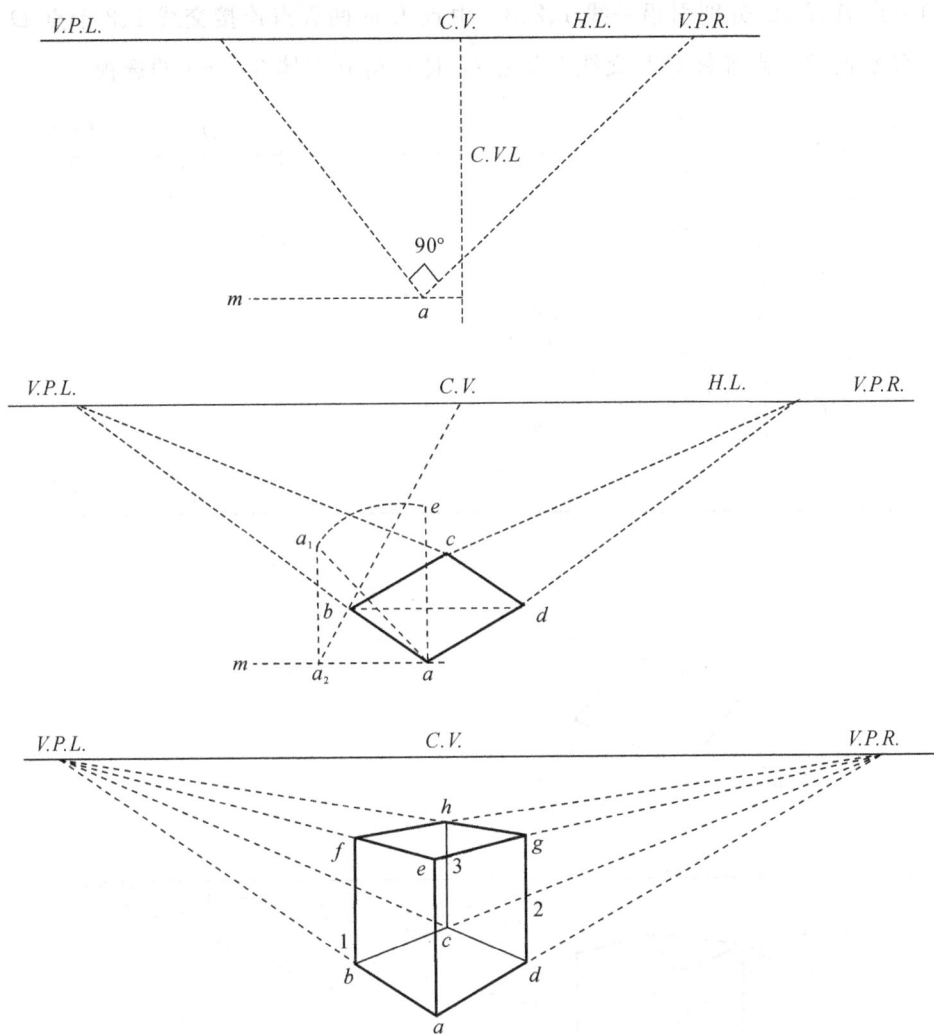

图 2.3 正方体 45°两点透视画法 Ⅱ

四、两点透视(30°、60°)画法

设立方体两侧面与画面各成 30° 和 60° 角，其透视画法如图 2.4 所示。

(1)在视平线 $H.L.$ 两端设灭点 $V.P.L.$ 和 $V.P.R.$。在视平线两灭点间 1/4 处设心点 $C.V.$，由心点 $C.V.$ 引铅垂线，并在其上适当位置设点 N 为立方体的接近点。由点 N 分别与两灭点相连(两连线所形成的角度宜大于 90°)。过点 N 作水平测线 M；由点 N 引两线分别与测线 M 倾斜 30° 和 60°。设立方体实高为 Ne，并将其转移到两斜线上，使 Na 与 Nb 等长；由点 a、b 引铅垂线交测线 M 于点 a_1、b_1。

(2)分别将点 a_1、b_1 与心点 $C.V.$ 连接，交点 N 与左右两灭点的连线于点 A、B；由点

A、B 分别连接两灭点互交于点 C，则 $ACBN$ 为所求立方体底面之透视。

（3）由点 A、B、C 分别引铅垂线 1、2、3。由点 E 向两灭点连接交线 1、2 于点 D、F，由点 D、F 分别向两灭点连接并互交线 3 于点 G，即求得立方体 30°、60° 的透视。

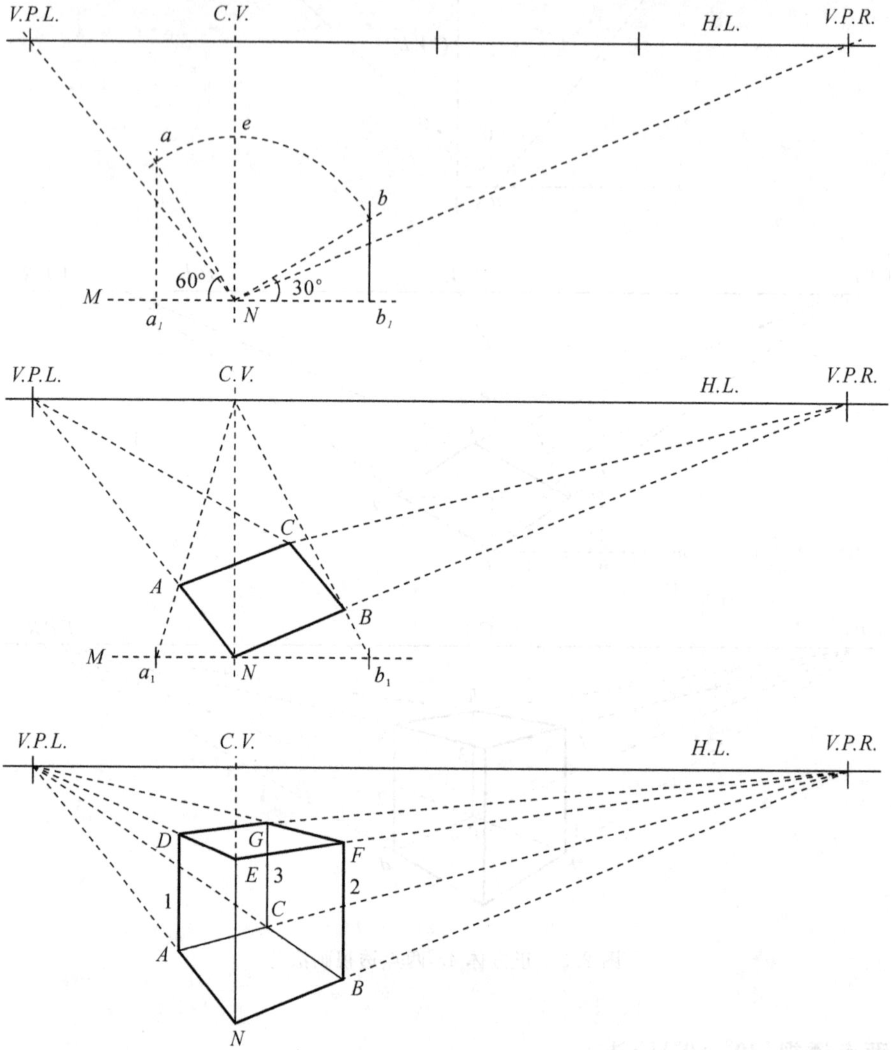

图 2.4　正方体 30°、60° 两点透视画法

第三章 产品设计草图表现技法

第一节 产品设计草图概述

产品设计草图,就是在设计过程中,设计师把头脑中抽象的设计灵感变为具象形态时,迅速地记录或者表达出来的一种图样。它不单单是一种表达和记录的功能,而且是设计师对其设计的对象进行构思和推敲的过程。设计草图上会出现文字的注释、尺寸的标注、色彩方案、结构的展示等。它是设计师对设计对象进行理解和推敲的过程。设计草图实际上也是设计师将自己的想法由抽象变为具象的一个十分重要的创造过程。因为设计草图实现了抽象思考到图解思考的过渡,所以设计草图对于整个设计的成败就显得十分的重要。

好的构思在头脑中有时会稍纵即逝,所以必须要求设计师有快速和准确的表达能力,以便记录一些好的想法。记录只是设计草图的一种功能,更重要的功能是设计师对设计对象的理解和推敲,这些都要求设计师把握设计对象整个的形态和细节,所以设计草图必须准确、具体,这样才能为设计的推敲起到一个良好的促进作用。

一、产品设计草图的要求

产品设计草图是运用结构素描与产品速写的技法,简练而准确地表达产品结构与形态的基本图样。它作为现代产品工业设计的一种专用语言,不同于传统的绘画素描和速写。它是在多方位、多层次观察和表现形体的同时,更深一层地认识形体结构、技术条件等多方面的客观因素,从而将表现与设计统一在一个整体中。因此,产品设计草图较之绘画素描和速写更具客观性、技术性和科学性。在绘制产品设计草图时,要做到以下几点。

(1)透视比例要准确,以便明确展示出产品的比例、尺度等信息。

(2)要抓住设计对象的特征和结构特点加以表现,必须对所展示的形象进行归纳,提炼出设计中最富特点的形象,表现出产品的设计意图。

(3)为了快速记录所思所想的设计灵感,必须运用记忆、默写紧密结合的方式,要善于事后整理,巩固设计构思成果。

二、设计草图的作用

设计草图是设计师在设计构思展开阶段抓住产品的形态、特征,以最快捷、最简练的手法绘制的用于设计交流的徒手画稿。它便于表达设计师对产品形象的设想,记录和捕捉瞬间即逝的灵感,它是设计师对其设计对象进行推敲、理解的过程,也是在综合、展开、确定设计,最后结果阶段有效的设计手段。从某种意义上来讲,设计草图的数量和质量是产品设计成败的关键所在。掌握设计草图的绘制方法不仅在工业设计领域,而且在建筑设计、环艺设计、视觉传达设计及机械设计等领域都是设计师必需的技能。

设计草图的重要作用体现在以下三个方面。

1. 传达作用

设计图形是传达设计构思最有效的形式,而设计草图以它的快速性和灵活性特点比其他任何一种图样(工程图样、效果图)都更方便地传达产品的各种视觉因素。在产品设计的初期,设计者的构思大量涌现,设计简图就是把这些构思方案具象化的最快捷、有效的方法。

2. 创造作用

产品的设计构思过程也是一个创造的过程,而设计草图始终伴随这一过程。当前一个形象的出现有可能引发另一个不同形象的出现,产品的各种方案便在比较、推敲和修改中不断产生。在这当中,设计简图起着引发思考和促进创造的作用。

3. 记录作用

随着新技术的发展以及人们审美需求的不断变化,现代工业产品的形态日新月异,同时也在快速迭代更新,消费者总是希望一个产品能以最新的品质和款式展现在他们面前。因此,工业设计师不仅要善于发现优秀的产品造型形象,还要有一定的手段把它们记录下来,从而积累设计素材,丰富自己的设计思想。设计草图就是记录和收集设计资料的最有效手段。

三、设计草图的表现形式

设计草图的表现形式主要有以下三种。

1. 线描表现形式

线描表现形式是设计草图中运用最为普遍的一种,使用工具也很简单,如铅笔、钢笔、针管笔等。线描表现形式主要是用线条来表现产品的基本特征,如形体的轮廓、转折、虚实、比例以及质感等,这一切通过控制线条的粗细、浓淡、疏密、曲直来完成,以达到需要的表现效果。

2. 线面结合表现形式

线面结合表现形式就是以单线条与部分阴影面结合的方式进行表现。用这种画法勾线的时候,要考虑物体的哪些部分需要用面来表现,如形体的转折、暗部、阴影等;用不同的线形或面来表现产品的不同部位,如用较粗的线或面表现轮廓和暗部,用较细的线表现产品的结构和亮部;用大小疏密不同的点来表现材质或形体的过渡变化。

3.淡彩表现形式

淡彩表现形式结合了以上两种方法,并以概括性的色彩来表现产品的色调特征。通常是在单线勾画出形体之后,用彩色铅笔、马克笔对形体的色彩和明暗关系进行刻画。

第二节　设计草图的基本表现技法

一、设计草图绘制的工具与材料

1.笔类

根据产品设计表现图形式的不同,所使用的工具也不相同,在产品设计草图表现中常用的笔有以下几种。

(1)铅笔、炭笔、炭精条:有绘制工程图样所使用的不同软硬铅芯的专用绘图铅笔,有在绘制效果图时配合各种色彩用的彩色铅笔,还有用于素描训练的素描铅笔和炭精条等。铅笔有多种软硬、深浅不同的类型,一般设计速写用 H～6B 的铅笔就可以表现出形体结构和明暗变化。

(2)钢笔:用于绘制设计草图的刻画效果图细部,其中速写钢笔是笔尖经过加工改造后的一种专用钢笔。其特点是绘制出的线形可以有粗细变化,有利于表现形体的线面和层次关系。针管笔具有粗细不同的各种型号,能够表现出不同粗细、明暗的线条效果,是一种专用的绘图和描图钢笔。

(3)马克笔:目前应用较为普遍的一种专门绘制产品色彩线条的工具。马克笔的笔芯有存储油性颜料和水性颜料等类型,笔尖分为尖头、扁头等。马克笔具有使用方便、色泽鲜艳等优点,可以绘制出具有丰富变化效果的彩色线条。

(4)毛笔:目前较为经济实用的一种画线工具,主要包括白云笔、叶筋笔和衣纹笔。由于毛笔笔尖较软,在画线过程中,可以通过运笔的轻重、缓急、顿挫等,画出不同的线条特征,同时利用中锋、侧锋的表现,可使线条有丰富的宽窄变化及体积、块面变化,产生粗细变化的线型特征。

2.纸张

速写用纸一般不像画素描调子那样要求高,设计师可以根据客观对象的具体特点及主观感受选用不同特点的纸张,如绘图纸、素描纸、水彩纸、水粉纸、色纸、白卡纸、灰卡纸、白板纸、新闻纸、宣纸、复印纸等,这些均可作为速写用纸。

3. 颜料

颜料主要用于绘制产品淡彩草图,包括以下几种常用颜料。

(1)水彩:具有质地细腻和透明度强的特点,但覆盖性差,用色时应先浅后深。

(2)水粉:色彩鲜艳,覆盖能力强,不透明,色调的干与湿变化较大。因此,使用同一色调时,要一次调和成功。

(3)丙烯:近年来新出现的一种实用性很强的颜料,它既能溶于水,又能溶于油,并且有薄、厚两种画法。薄画时可以像水彩一样具有透明度,厚画时又像水粉一样具有很强的覆盖率。

二、设计草图的表现基础

设计草图多用线条的形式进行表现,要掌握好设计草图的表现技法,必须先从线条的练习入手(见图 3.1 和图 3.2),最好从画各种不同形式的线条及各种变化的线条组合入手。在训练过程中,首先可以使手部运作灵活,其次是把握所画各种线条的外在特征,最后是对所画线条产生某种心理感受及认知。

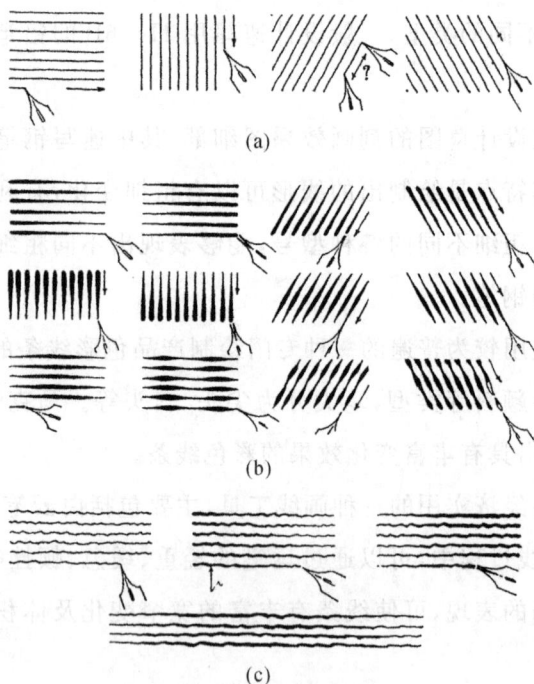

(a)

(b)

(c)

图 3.1　直线练习

(a)缓慢画出用力均匀的线条;　(b)缓慢画出用力轻重有变化的线条;　(c)缓慢画出不规则的线条

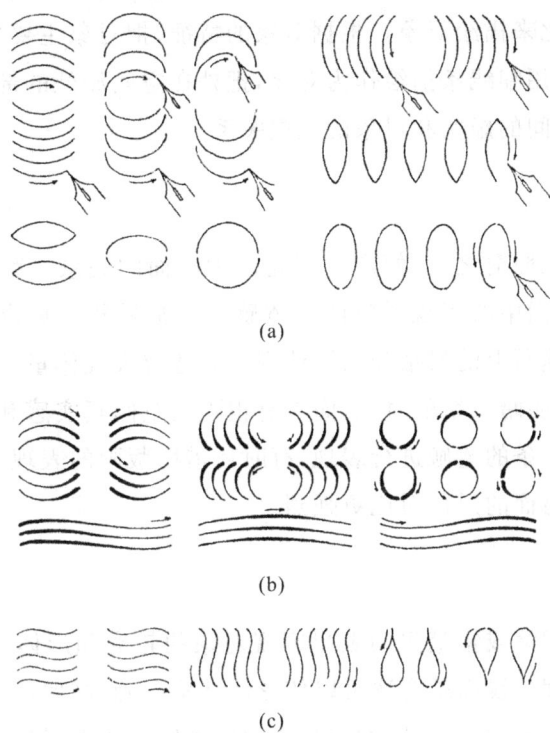

(a)

(b)

(c)

图 3.2　曲线练习

(a)缓慢用力的线条；　(b)用力轻重有变化的线条；　(c)用力均匀的线条

第三节　产品设计速写表现技法

设计速写是设计草图表现技法中基于线描草图发展而来的,是最具有代表性、最简洁高效的一种产品设计表现技法。因为其主要以单线条的形式对产品形态及结构转化进行表达,形式简洁、概括,表现力强,所以成为设计初步阶段设计表现的主要方式。设计速写是设计草图表现的最主要形式,是设计师进行产品设计、建筑环境艺术设计,搜集广告设计素材,记录和积累资料的有效手段。

产品设计速写常用的表现技法多种多样、灵活多变,主要有线描法、明暗法、线面结合法等。

一、线描法

线描是人类用图形语言描绘客观对象最普遍的一种技法形式。它能以最简洁的轮廓线勾画出形体结构形象特征,实际上也只有用线的围合对形状、结构、体积与空间进行概括性的捕捉,才是最简洁和有效的图形生成方法。我们从原始洞穴壁画及其他造型艺术中就能感受到这一点。在产品设计速写中,为了加强对象的主体,利用线条的浓淡、粗细、疏密、虚实、曲直等变化来描绘对象。根据对象的特征,把对象主要部分用粗线描绘,加以突出,把对象次要部分用细线条描绘作为对比,把处在空间深处的部分用虚线描绘以拉开空间距离,从而强调空间的虚实和对象的主次关系。

二、明暗法

客观对象受到光线照射之后,便产生了亮面和暗面的关系。利用光线产生的明暗变化表现形体结构,其画面中所表现对象的立体感会非常强烈。明暗法可以说是素描明暗调子画法在产品设计速写上的概括和简洁体现。它适合表现体量感、光线强的客观物象,在视觉效果方面,因其明暗关系的对比,而具有很强的空间真实感和视觉冲击力。这类速写的表现形式可采用线条的笔触进行表现,有时还借用版画的表现手法,以大的整体的暗面反衬亮面,使亮面、暗面的黑白对比更强烈。

三、线面结合法

线面结合法是用钢笔或铅笔先勾勒出客观对象的轮廓和形体结构,然后对形体结构做概括的明暗光影处理。线面结合法可以使形体结构明确、结实,变化多样。这种方法既具有流畅的线条表现效果,又有一定的明暗块面体积感。线面对比,丰富了产品速写的艺术语言,增强了画面的视觉感染力。

第四章　产品设计效果图表现技法

第一节　产品设计效果图概述

一、产品设计效果图的基本概念

产品设计效果图是设计表现技法的重要形式之一。产品设计效果图以透视为基本原理，以平面图形的形式实现对产品视觉形象的综合表现，强调产品的形态、结构、材质、色彩、使用环境气氛等预想效果，也将其称之为产品设计预想图。

二、产品设计效果图的基本特征

产品设计效果图作为设计表现的重要手段之一，具有如下特点。

(1)说明性。产品设计效果图对产品的形态、结构、材质、色彩、使用环境气氛等作全面而深入的表现，能真切、具体、完整地说明产品设计创意。在视觉感受上建立起设计者与他人沟通和交流的渠道。

(2)启发性。产品设计效果图不但可以表现产品的形态、结构、材质、色彩、使用环境气氛等可视的外部特征，还可以对产品的形态个性、韵味、使用状态以及人机环境气氛做出相应的表现，使人们联想到未来产品的使用感受。

(3)广泛性。产品设计效果图是根据人的视觉规律在平面上再现产品立体物像的图形，因而比工程图更直观和具体。观者不受职业等限制，皆可一目了然地了解产品设计方案的特点，因而设计方案可以获得更多不同人群的认知和理解，从而获得更加广泛的传达效果。

在产品的开发设计中，往往不可能面对实物进行临摹写生，只能借助于绘画的表现规律来描绘设想中的产品。掌握和熟悉这些基本规律和要素对专业设计师是十分重要的。没有受过专门绘画训练的工程技术人员，只要学习和掌握了这些规律，通过实践和练习，也可做出满足要求的产品效果图。

三、产品设计效果图的主要功能

产品设计效果图的作用是以最简便、迅速的方法和平面表现形式，表达出设计师对产品造型的设想,这项工作需要工业设计师具有训练有素的敏捷思维能力,丰富的实践经验与准确的效果图表现力。产品设计效果图的功能主要在于以下三个方面。

(1)在设计过程中,采用二维方法绘制效果图的表现技法,比语言和文字说明更明了、直接,比制作成模型更迅速、方便,是一种非常高效的表现方法。

(2)将设计师头脑中模糊不清的设计构想进行形象化的展示,借此进一步研究、推敲、修改、完善设计构思。这一过程是一种以视觉为媒介的信息交流与反馈,是构成完善构思的重要手段。

(3)现代设计是一种群体活动,其构思的新设计方案需通过具体表现在特定的媒体上以供合作者讨论、交流,供领导、业主评价、审定。产品设计表现效果图不仅仅是对产品形态的确定,更为重要的是对设计的重点信息加以说明。

第二节 产品设计效果图表现基础

一、基本工具

1.绘图用具

绘图用具有绘图铅笔、自动铅笔、针管笔、签字笔、彩色水笔、马克笔、高光笔、荧光笔、毛笔、喷笔、排笔、水彩画笔、鸭嘴笔、蘸水笔、铁笔等。

2.绘图仪器

绘制产品设计效果图的工具仪器,宜选用正确、精密、优质的产品。误差小为好的绘图仪器。常见的绘图仪器有直尺、丁字尺、曲线尺、卷尺、放大尺、比例尺、三角板、界尺、切割用的直尺、万能绘图仪、大圆规、蛇形尺等。

界尺是指在400～500 mm有机玻璃直尺上用溶剂(三氯甲烷或四氯甲烷)黏结另一条有机玻璃直尺即成,或在有机玻璃直尺上用刀刻出深约1～2 mm的直槽,务必使导尺或导槽与界尺的边缘保持平行。

二、应用材料

随着工业设计专业的壮大成熟和科技的迅速发展,设计材料日新月异、品种繁多,设计工作者只要留意材料的信息,适时恰当地选择材料,并运用到产品设计表现当中去,就可以取得事半功倍的效果。产品设计表现效果图常用的材料有颜料和纸张两个部分。

1.颜料

产品设计表现效果图常用的颜料有水彩颜料、水粉颜料、丙烯颜料(广告颜料)、中国画颜料、荧光颜料、彩色墨水、针笔墨水、染料,还有照相透明色等。

2.纸张

产品设计表现效果图用的纸特别广泛,一般市面上的各类纸都可以使用。使用时根据自己的需要进行选择,但是太薄、太软的纸张不宜使用。一般纸张质地较结实的绘图纸,水彩、水粉画纸,白卡纸(双面卡、单面卡),铜版纸和描图纸等均可使用。市面上常见的马克笔纸、插画用的冷压纸及热压纸、合成纸、彩色纸板、转印纸、花样转印纸等,都是绘图的理想纸张。但是每一种纸都需配合工具的特性而呈现不同的质感,如果选材错误,会造成不必要的困扰,降低绘画速度与表现效果。

三、几种常用材料及绘图表现的特点

1.水彩颜料

水彩颜料是传统的绘制产品设计效果图的材料,使用最为广泛。水彩颜料调制水分较多,色彩透明度高,容易表现出产品的材料质感。要简单而迅速地完成产品设计效果图,只需以线条为主体,再以淡彩的形式展示出产品的色调效果即可,如铅笔淡彩、钢笔淡彩等。水彩可加强产品的透明度,特别是用在玻璃、金属、反光面等透明物体的质感上,透明和反光的物体表面很适合用水彩表现。

2.水粉颜料

水粉颜料色素纯正,色彩鲜明,不透明,具有很强的覆盖力。因为该颜料色彩饱和度高,在表现产品效果图时,可以比较真实地展示产品的时间色彩感受,同时该颜料覆盖力强,特别适合初学者在学习时修改和完善。

3.丙烯颜料

丙烯颜料具有相当的浓度,遮盖力强,适合较厚的着色方法。笔道可以重叠,在强调大面积设计,或想要强调原色的强度,或转折面较多的情况下,用丙烯颜料来表现最合适。丙烯颜料不要调得过浓或过稀,过浓则带有黏性,难以把笔拖开,颜色层也显得过于干枯以至开裂,过稀则有损画面的美感。

4.马克笔颜料

马克笔是一种用途广泛的着色工具,每一支马克笔都有已经调制好的色彩,可以直接使用。它的优越性在于使用方便,速干,可提高作画速度。它已经成为室内装饰、服装设计、建筑设计、舞台美术设计等各个领域必备的工具之一。马克笔的样式很多,在此仅介绍两种常用的马克笔。

(1)水性马克笔:没有浸透性,遇水即溶,绘画效果与水彩相同,笔头形状有四方粗头、尖头、方头,适用于画大面积与粗线条,尖头适用画细线和细部刻画。

(2)油性马克笔:具有浸透性强、挥发性快的特点,通常以甲苯为溶剂。它能在任何材料表面上使用,如玻璃、塑胶表面等都可附着,具有广告颜色及印刷色效果。由于它不溶于水,所以也可以与水性马克笔混合使用,而不破坏水性马克笔的痕迹。油性马克笔的优

点是快干,书写流利,可重叠涂画,更可加盖于各种颜色之上,使之拥有光泽,再就是根据马克笔油性和水性的浸透情况的不同,在作画时,必须仔细了解纸与笔的性质,相互照应,多加练习,才能得心应手。

第三节　产品设计效果图表现技法

一、产品设计效果图的光影和明暗表现

根据透视原理表现出产品的形态轮廓之后,还需依靠光影及明暗的对比规律和画法来进一步表现产品的立体感及其外部表面的起伏和凹凸变化。

1.光影的基本规律

在客观世界中,光亮和阴影互相对立又互相依存。光源可分为两类:一类是自然光源,如太阳光;另一类是人工光源,如灯光。前者是平行光线,而后者是辐射光线。

阴影对表现物体的立体感十分重要。在透视学中,透视阴影有严格而复杂的几何求法。

在产品效果图绘制工作中,为了尽可能多地展示产品的设计信息,画面的尺寸都会比较大,因此,如果严格按照透视原理去表达产品的阴影关系,操作难度太大,没有必要采用繁琐的几何画法去画阴影。只要根据原理和经验表现出产品的模拟近似阴影,就可以满足表现的需要。

2.明暗关系的基本规律

产品设计效果图中明暗关系法则的运用对于表现产品形态及空间结构关系有直接的作用。明暗关系处理不当,画面或显得扁平、灰暗,缺乏立体感和光感,或显得单调生硬,缺乏层次和真实感。这些都会影响到设计意图准确、清晰的传达。

在客观世界中,影响物体明暗变化的因素很多,概括地分析有以下几种主要因素。

(1)光强:即光线的强弱。光线越强,物体的亮度就越高,受光面与背光面的明暗对比越明显、强烈,层次清晰。

(2)光源与物体的距离:光源距物体越近,其表面亮度越强,明暗对比显著、分明;反之则亮度越弱,明暗对比也随之减弱,变得柔和、微弱。

(3)视点与物体之间的距离:在光强以及光源距离相等的情况下,观察者离对象越近,则明暗对比越显著,越远则越模糊。这是因为空气中的微小水蒸气等影响了光线的通过,使远处的物象变得模糊不清,形成平面的效果,即绘画术语中的"空气透视"现象。在产品设计效果图表现工作中,常常利用这种视觉现象,来强调物体的体积感和空间感。

在自然光的照射下,产品各个不同方向和角度的表面受光不一,故呈现出不同的明暗

层次。有受光部分的最亮面、次亮面和背光部分的暗面之分,即所谓的"三大面"。在不受光的暗画与受光的亮面交接部分,由于对比作用,显得最暗,称之为明暗交界线,因反光的作用,暗面的某些部分变成稍亮的次暗面。亮面、次亮面、明暗交界线、暗面及反光构成了明暗变化的"五大调"。

这些基本色调层次有助于我们分析和概括物体的明暗关系,但在实际运用时,还应具体地分析表现物,展示出更丰富、更有说服力的色调层次。

3.光影与明暗的表现法则

如前所述,由于众多因素的影响,通常在自然状态下产品的光影与明暗变化十分复杂,要想精确地再现自然的真实,需要相当高的绘画技巧。因此,设计师应在了解和熟悉光影及明暗变化规律的基础上,运用出一些简便易行、概括提炼的表现法则来进行工作,满足设计表现的要求。

(1)光源的规定。在产品效果图实际表现工作中,为便于确定光影和明暗关系,通常将光源设定为如下情况:光源为平行光束;主光源位于物体前侧上方(左侧或右侧均可,视表现需要而定)约45°投向对象物;反射光与主光源相对,方向朝上反射;在物体的水平面上,只从上方的窗口透过一些垂直的光束或上方反光体的倒影。

(2)产品设计平面的表现。产品设计平面的明暗变化较为简单,同一平面上的受光量均等,明度变化小,且分布均匀,表现由平面组成的物体需掌握以下要领。

1)分面清晰明确,面与面的分界或边缘线比较清楚、肯定;

2)同一平面上的明暗变化要均匀过渡;

3)深色调的面和浅色调的面的交界处,由于对比作用,浅的更浅,应注意利用这种效果来表现面与面的转折和衔接。

(3)产品设计曲面的表现。曲面可以被视为由无数个平面所构成,每个细小的平面相对于光源角度不同而形成曲面明暗层次的变化。其表现要领如下。

1)明暗过渡均匀而柔和,各色调间(包括亮部与暗部间的衔接),通常没有生硬而明确的界线。中间色调层次丰富。

2)曲面转折的半径越大,色调过渡越平缓、柔和。反之,半径越小,色调变化越趋于明显、强烈。

二、产品设计效果图表现技法详述

1.底色表现技法

底色表现技法是在色纸或自行涂刷的底色上作画,又简称为底色法。因为有大面积的底色作为基调色,所以易于获得协调统一的画面色彩效果。同时,利用底色作为产品某个面(如中间调子或亮面)的色彩。底色法简化了描绘程序,使画面更为简炼、概括而富有表现力。底色法是一种不用着色便可获得色彩效果的方法,有事半功倍之效,是国内外设计领域最常用的表现方法之一。

2. 底色高光表现技法

底色高光表现技法是在底色法上发展起来的一种技法。即在较深暗的底色上,用描绘产品形体轮廓和转折处的高光、反光的方法,来表现产品形态特征以及简单的明暗及阴影效果(见图4.1)。

其特点和手法大致与底色法相似,但高光法通常只着力于表现产品形态的明暗关系,忽略或高度概括产品色彩的表现,其明暗层次也较底色法更为提炼、概括。

图 4.1　底色高光表现技法示例图

3. 钢笔淡彩表现技法

钢笔淡彩表现技法即用钢笔、绘图针管笔或蘸水笔勾勒、刻画产品轮廓,以水彩色或透明水色概括表现产品整体色调效果的技法。因其表现技法简便快捷,色彩明快洗练,既可用于粗略的设计草图,也可用于较精细的效果图,特别适用于设计展开阶段的概略效果图(见图4.2)。

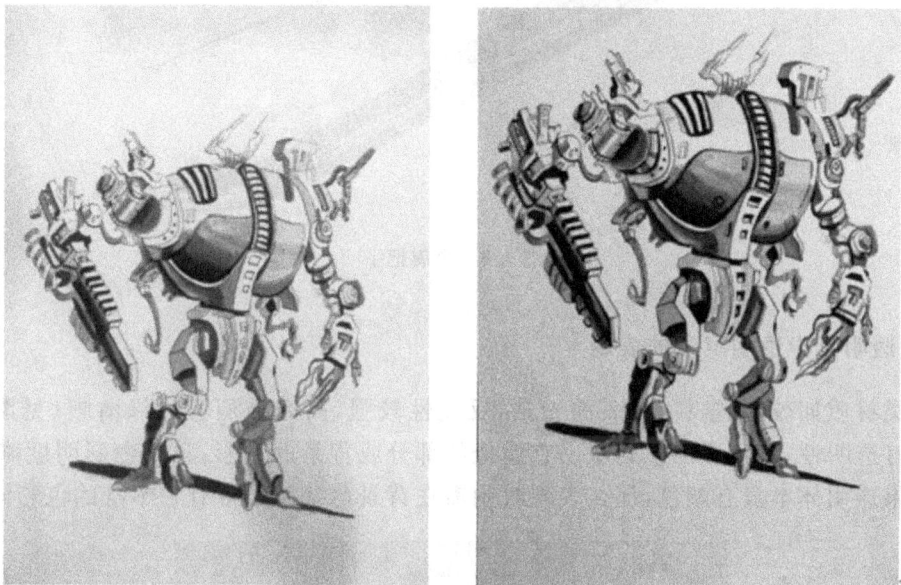

图4.2 钢笔淡彩表现技法示例图

第四节 产品设计效果图的质感表现

质感指产品材质及表面工艺处理所形成的视觉特征,如材质的坚硬或柔软、表面肌理的粗糙或细腻、光洁度的高或低、透明感的强或弱、质地的松或紧,乃至材质的轻或重等等。质感的处理是产品造型设计的重要因素,因此,表现产品的质感特征是产品设计效果图表现技法的重要内容之一。

产品设计效果图的描绘通常是在真实产品制造出来之前进行的,因此无法根据产品实物进行临摹写生,这就要求设计师在平时注意观察和分析各种质感的视觉特征,并且由之提炼出一些简练而有效的质感表现方法或程序。这些方法或程序或许不是对自然物象的绝对"写实",但必须有说服力地表现出人们通常对某种材质的感觉和印象。

一、反光不透明材质的表观

多数金属材料在加工后具有强反光的质感,而且质地坚硬,表面光洁度高(见图4.3)。因此,在自然光照情况下,产品表面的明暗和光影变化反差极大,往往产生强烈的高光和暗影。同时,由于反光力强,这类材质对光源色和环境色极为敏感。

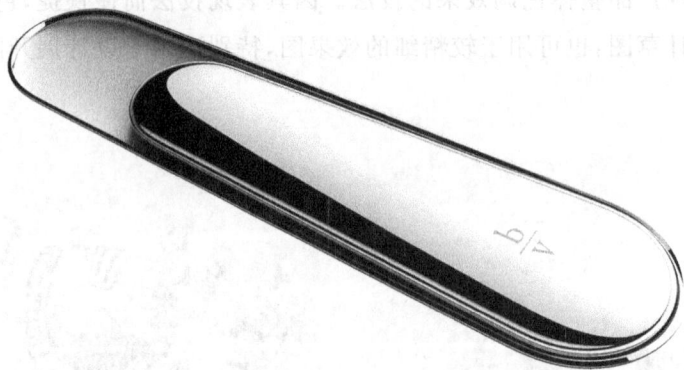

图 4.3　金属把手

二、透明及半透明材质的表现

　　这类材质如玻璃、塑料等,表面光洁,反光性较强,高光强烈且边缘清晰(见图 4.4)。由于具有透明性,其色彩往往透映出它遮掩的部分或背景的色彩,只是色彩明度略浅或灰些。如果透明体本身有颜色,那么表现时则需在背景色基础上带有它本身的色彩倾向。

图 4.4　玻璃器皿表现技法

三、不反光、不透明材料的表现技法

经过加工的木材表面平整光滑,最明显的视觉特征是具有美观和自然的纹理,同时,木材色调偏暖,有极强的人机协调性(见图 4.5)。未经涂饰的木材基本上没有明显的高光和反光。而表面涂有清漆、洋干漆等涂料的木材,表面具有一定的反光和高光,但其程度远比金属或透明材质弱而柔和。

图 4.5　电子琴木纹效果

第五章　产品设计模型表现技法

产品设计模型制作是设计师将自己的构想和创意,综合美学、工艺学、人机工程学、工程学等多学科知识,凭借对各种材料的驾驭,以三维形体的实物来表现设计构想,并以一定的加工工艺及手段来实现设计思想形象化的过程。产品模型在设计师将构想以形体、色彩、尺寸、材质进行具象化整合的过程中,不断地表达着设计师对自己创意的体验,同时,与工程技术人员进行交流,为进一步调整、修改和完善设计方案、检验设计方案的合理性提供有效的参照,使自己的设计构想通过模型得到检验与完善。模型制作已经成为产品设计过程中不可缺少的一个重要环节。

产品设计表现中的模型制作,不能理解为工程机械制造中铸造形体的模型,它的功能也不是单纯的外表造型,或模仿照搬别人产品,更不是一种多余的重复性工作。而是以创新精神开发新产品,制作出新的完整的立体形象的重要过程,产品模型制作的实质是体观一种设计创造的理念、方法和步骤,是一种综合的创造性活动。

第一节　产品设计模型表现基础

一、产品设计模型制作

产品设计模型是指产品设计过程中以立体形态进行设计表达的一种形式。模型的表达首先是以设计方案为原始依据,按照一定的尺寸比例,选择合适的模型材料,最终制作完成接近真实的产品立体模型。

本质上工业产品都是以三维的物质形式呈现的,在产品设计过程所涉及的问题,如形态(包括研究形态与内部机构、形态与人的关系)、技术(包括研究结构与实际加工的关系)、材料(包括选择与生产技术相适应的材料)等,如果仅以二维的画面来表现,往往有许多困难之处。因此,模型制作的目的就是用立体的形式把这些在二维画面上无法充分展示的内容表现出来。

二、产品设计模型的特性

1. 直观性

与产品设计表现图的平面形象不同,产品设计模型是具有三维空间的实体,可以通过视觉、触觉等感官去真实地感受,这种亲临其境的效果是模型制作所独有的。因此模型是一种被普遍运用的、最直观的、有真实感的设计表现形式。

2.完整性

产品设计模型的制作体现了一定的精确度和完整性。产品设计是一个逐步改进、逐步完善的过程,作为设计的一个重要环节,我们可以通过模型制作的过程对设计方案进行改进或调整,使其更加精确、合理。由于平面方案图的表示与三维实体存在着视觉上的差异,这种差异也需要通过模型制作加以纠正。因此,产品模型无论在整体外观上还是在细节处理上,都具有整体性和统一协调性。

3.真实性

产品设计模型所表达的是未来产品的真实效果,不仅可以通过三维形态真实地展现产品形态机能、构造、制造、材料、色彩、肌理、人机交互的设计特点,而且还表达产品设计的形态语义和美学信息。因此,产品设计模型的制作是理性与感性结合的真实性传递过程,产品设计模型能最大限度、真实地体现出设计师的设计构思结果,体现出设计师的设计意图。

三、产品设计模型制作的常用工具

1.量具

量具指在模型制作的过程中,用来测量模型材料尺寸、角度的工具。常见的量具有直尺、卷尺、游标卡尺、直角尺、组合角尺、万能角度尺、内卡钳、外卡钳、水平尺等。

2.画线工具

画线工具指根据图纸或实物的几何形状尺寸,在待加工模型工件表面画出加工界限的工具。常见的画线工具有画针、划规、高度划尺、划线盘、划线平台、方箱、圆规等。

3.切割工具

用金属刃口或锯齿,分割模型材料或工件的加工方法为切割。常见的切割工具有多用刀、勾刀、剪刀、曲线锯等。

4.挫削工具

挫削工具主要用来挫削工件上多余的边量,使其达到所需的尺寸要求、形状和表面粗糙度。常见的挫削工具有各种锉刀、砂轮机、修边机等。

5.装卡工具

装卡工具指能夹紧固定材料和工件,以便于进行加工的工具,常用的装卡工具有台钳、平口钳、手钳、木工台钳等。

6.钻孔工具

钻孔工具指在材料和工件上加工圆孔的工具,常用的钻孔工具有电钻、台钻以及各种钻头等。

7.冲击工具

冲击工具指利用重力产生冲击力的敲打工具,常用的冲击工具有斧、木工锤、橡皮锤等。

8.鉴凿工具

鉴凿工具指利用人力冲击金属的刃口,对金属或者非金属材料进行切削的工具,常用的鉴凿工具有金工凿、木工凿、塑料凿刀等。

四、模型制作的辅助材料

在产品设计模型制作的过程中,除了使用模型成型材料外,还需要使用一些辅助材料,如胶黏剂、腻子、涂料以及辅助加工工具等。

1.胶黏剂

胶黏剂主要用于材料之间的直接连接,因为胶黏不需要特定的结构支持,所以,胶黏是最快捷、方便的连接形式。但是由于没有相应的结构支持,连接的强度不是非常理想,一般会和其他结构连接配合使用。

2.腻子

在产品设计模型涂漆之前,为了使模型的表面平整光滑,常用腻子对产品表面的凹坑进行填补以提高产品的外观质量。腻子经过打磨后,表面光滑,同时与其他材料融为一体,不容易脱落,也方便进行后期的喷漆等表面处理工艺。

3.涂料(油漆)

涂料是一种以高分子有机材料为主的防护装饰性材料,是一种能涂敷在产品或物体表面上,并能在被涂物的表面上结成完整而坚硬的保护涂膜。

在产品设计模型制作中,涂料是产品模型外观的重要表现材料,它既能保护模型表面质量,又能增加模型的美观。由纸、泥、石膏等材料制作的工作模型一般不需涂漆,需要涂漆的模型以木材、金属、塑料材料制作的实物模型为主。常用涂料有醇酸涂料和硝基涂料。

4.辅助加工工具

在产品设计模型制作过程中,常用的辅助加工工具有研磨材料、抛光材料和五金加工材料等。

第二节　产品设计模型的表现形式和分类

一、产品设计模型的表现形式

产品设计模型的种类有很多,表现形式也很丰富。依据产品设计过程表达目的的不同,可以将产品设计模型大致分为工作模型、展示模型和实物模型三大类。

1.工作模型

工作模型又叫概念模型、草模型,是指设计师在设计构思阶段的模型。设计师为了发现、确认构思,掌握与发展自己对产品形态的把控,从而快速制作而成,仅供自身研究用而不向他人展示的模型,一般都用容易得到、易于加工的材料,如黏土、卡纸、发泡塑料、木材与金属等制作。它的功能是为了了解产品形态的构造、工艺和使用特性,进而验证人、物、环境的合理关系和产品功能的可行性,属于设计研究型的模型。

2.展示模型

展示模型又叫外观模型、仿真模型。这是在设计方案基本确定后,为了提供给有关各方对设计进行研讨评价、向委托方展示、向生产部门传达设计目的而制作的模型。一般展示模型不包含内部机构,但与最终产品的外形是非常一致的,可用于美学评价和商业宣传展示。

3.实物模型

实物模型又叫功能模型、样机模型,这是为了在批量生产之前,研究生产工艺,生产出外形、材料以及内部机构等均与投产后生产的产品相同的试制品。实物模型还可在最后投产之前用于测试产品功能与性能。

二、产品设计模型的分类

产品设计模型受材料特性影响而具有不同的形式,它们也是设计师经常实践的内容。现根据常用材料对产品设计模型做如下分类。

1.吸塑模型

吸塑模型是利用薄型聚氯乙烯板(厚度为 0.5 mn)在简易复合密封铝制模腔内加热,并抽真空整体成型,然后进行二次加工及装饰的模型。它具有一致性、完整性、边缘转折和厚薄均匀等优点,但是由于它需要生产模具,费时费工和资金较多,且模型体质较软和无法细微刻画,故较少采用。

2.石膏模型

石膏模型是利用雕塑石膏粉与水调和浇注成基本形后,手工进行旋削(车制)或刻制成型的模型。它虽然具有无法对产品内部功能和结构进行考证,及其细部难以刻画的局限性,但是,由于它制作简便、成本低、时间短等因素,能赋予模型美观的形态,成为设计师经常采用的模型材料。

3.油泥模型

油泥模型是用油泥(可用彩色油泥)以手工技艺成雏形后,对表面进行二次装饰技术加工,它具有制作快、可变形和及时表达设计思想的优点;利用优质油泥棒做汽车模型,能接受手加工或机加工,成型后能承受一定的功能检验;但是选用一般的油泥,将会有坚硬度不高、难保留、不能测定内部功能和细部难以深入的缺点。

4.黏土模型

黏土模型是利用可塑性黏土(雕塑土最好),以雕塑手工技艺成型,待干后进行表面二次装饰技术加工的模型。它具有石膏模型和油泥模型的优点,而且材料来源丰富,成本很低,可自由修改,有一定的坚硬度。但是,黏土选择和调合不好,模型易开裂,也存在内部功能和细部刻画不足等缺点。

5. 木质模型

木质模型是利用各种不同质地的木板、木料、夹板、复合板等木质材料,以木工技艺成型后,再进行表面二次加工和装饰的模型。虽然对小模型加工困难,并受木工工具、技艺能力限制,而且不能对方案进行深刻论证,功能直接发挥的实用性不足等,但是,由于材料特性和成型工艺多样及可有专业人员配合,已成为设计师最常用的模型形式。

第三节 产品设计模型的制作

产品设计模型因使用材料不同,所用的加工方法也是不一样的。常用材料的模型制作工艺与技术主要有以下几种。

一、石膏模型设计制作

1. 石膏的成分与特性

石膏是模型制作的常用材料。石膏和水混合,在短时间内可以凝固成结实的固体,凝固后,可以随意地进行拉刮、切割、旋切等造型。定形后,稳定性好,干湿引起的变化不大,价格便宜,制作简单,适于做外观形态模型。

2. 石膏模型制作的方法

石膏模型的成型方法一般有三种形式:一是浇注一块稍大于所作产品尺寸的石膏块,然后进行切削、雕刻、表面处理,最后成型;二是表面先用黏土或油泥塑造形态,经过翻制模型后,再用石膏浇注而成;三是浇注成粗模型后,以机械的方式旋刮而成,这种方式比较适合于柱状的造型。图 5.1 所示为浇注石膏模型的挡板。

挡板　　　　　　　　　　　　　重物

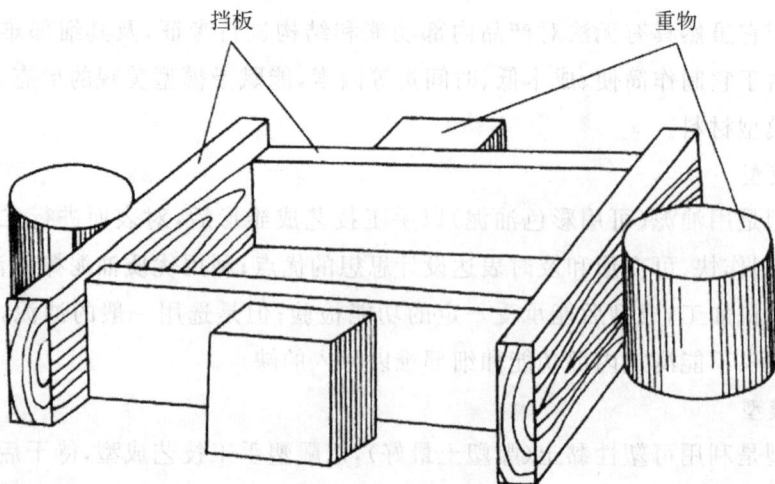

图 5.1　浇注石膏模型的挡板

图 5.2 所示为水壶石膏模型的制作过程。

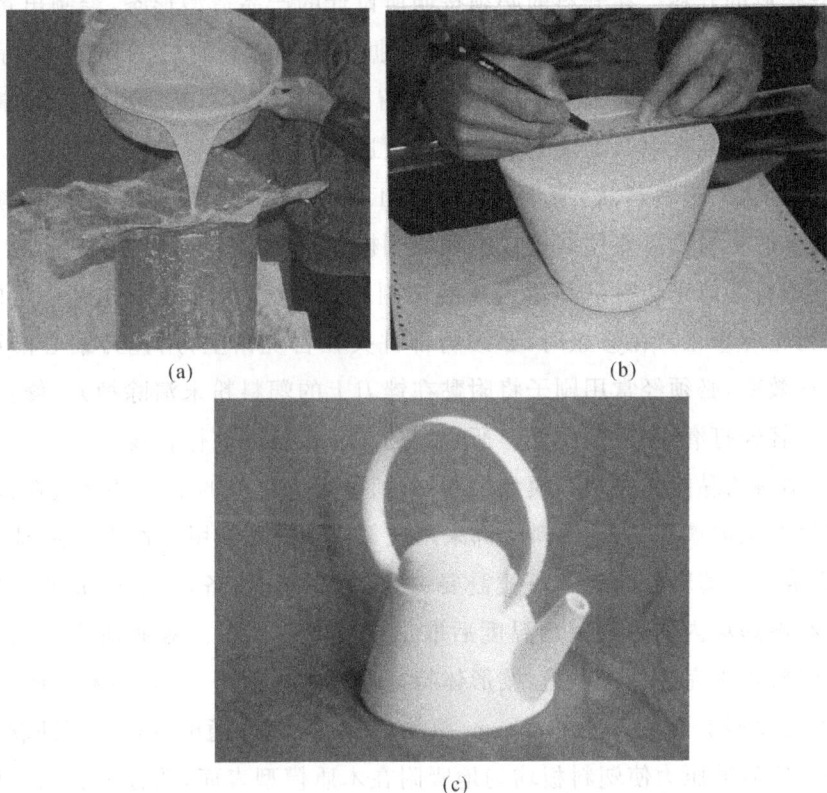

图 5.2　水壶石膏模型的制作过程
(a)壶盖与壶体的成型；　(b)壶把与壶嘴的定位；　(c)壶把的安装与整体成型

二、工程塑料模型设计制作

工业塑料是一个大家族,随着化工事业的发展,成员将会更多。在这个大家族中,经过实践和筛选,普遍认为热塑性塑料中的有机玻璃、ABS 和 PVC 塑料是现代模型设计制作的最佳材质,被普遍采用。此外,需要木质三合板、五合板、木板等供工程塑料热成型时做套模用。

1.工程塑料的加工特性

(1)工程塑料具备尺寸稳定、形态稳固、表面光泽平整、质轻耐腐、机械强度良好等属性。

(2)工程塑料可手工或机械钻孔、抛光、刨平、锉齐整、锯截、划断以及车、铣、刨等加工成型。

(3)工程塑料有韧性,有弹性,易于刻画与截取,还可受热任意成型。

(4)工程塑料来源丰富、规格齐全、色彩多样。

2.工程塑料模型制作的成型工艺与技术

(1)工程塑料的开料。在开料前必须按照所设计的产品造型形态,绘制出每个结构部分的展开平面图形,并标好详细的尺寸,然后根据展开图进行材料的切割,实际操作时应比实际尺寸适当放宽一些,为以后的精细处理留有加工余地。工程塑料板的厚度应根据模型所需要的厚度、强度以及加工时的难易程度进行选择。

切割不同形状的塑料料块,应选择不同的工具:如切割直线形的料块用钩刀就能完成;而带曲线形的板材则需要用线锯或电动切割机;切割较厚的板材需用手锯。

(2)工程塑料的修正与打磨。塑料板经切割后,形状和尺寸尚未达到一定的精确度,因此需要进行轮廓修正。在修正时,必须将部件夹在台虎钳上,用锉刀细心修正(为了提高锉刀的工作效率,必须经常用刷子将附黏在锉刀上的塑料粉末清除掉)。修正后的部件轮廓再用砂纸轻轻打磨,在达到图样上所规定的尺寸后就可进行黏接。

(3)工程塑料的黏接。在塑料模型的制作过程中,大部分的部件是靠塑料板之间的黏接而成。黏接有机玻璃和ABS塑料板都采用三氯甲烷或四氯甲烷作为黏接剂。

(4)曲面成形。塑料曲面成形一般需要一定的工具和设备,单曲面成形比较容易,只要把塑料放在电烤箱内加热到一定温度后取出进行弯曲即可。双曲面成形较复杂,一般需借助真空吸塑机来完成。步骤是:按形体特征做成木质模型,然后将木模放入真空吸塑机内,并在木质模型上覆盖一张1～2 mm厚的ABS塑料板,通电后塑料板即软化,然后利用机内抽成真空后的压力使塑料板均匀地吸附在木质模型表面,数分钟后取出模型,将木质模型剥离,就能获得一个具有中空的塑料模型部件。利用真空吸塑机加工像汽车、船艇、吸尘器、灯罩等带有曲面的壳体模型十分方便,并能较好地达到设计的要求。如在加工这类壳体部件时没有真空吸塑机,则需用手工来完成,在具体操作前应先用石膏或发泡塑料做好相应的模子,将塑料板在电烤箱内加热后再用模子压成。

三、油泥模型设计制作

油泥模型是在产品设计中进行模型制作时常用的一种形式。由于油泥加工方便、容易修改,特别适用于概念模型的制作。油泥模型在一些家用电器,汽车等交通工具的模型制作中应用十分广泛。

油泥是由石腊、凡士林、硫磺、灰分及少量树脂、颜料按一定的比例配制而成。油泥的特性是可塑性强,在达到一定的温度后油泥会开始软化,油泥的软化温度因其配方比例的差异也有所不同,通常在45～60℃之间。当温度在14℃以下时,油泥达到最高硬度,因此环境温度在20～24℃之间是最好的工作温度。

1.油泥模型制作工具

油泥模型制作时,需要专门的制作工具,根据需要,也可自制一些工具。油泥在软化后才能进行塑造。用恒温烤箱软化油泥最为理想,如没有条件,用其他一些加温手段也可以。如放在电炉上方烘烤,但烘烤时油泥必须离电炉有一定的距离,并要不停地转动,使其均匀受热。油泥放在开水中浸泡也能达到软化的效果,但在浸泡时,油泥必须用塑料袋密封好,防止水的进入,另外泥的体量不宜过大。

2.油泥模型制作的程序

(1)根据设计方案,画出较为精确的模型图样。

(2)根据模型图样的基本尺寸制作模芯,模芯可用泡沫塑料制作。

(3)用测量仪器测量模芯的基本尺寸,确保模芯的形态和所设计的形态基本相似(但必须小于其实际的尺寸),要保留一定的尺寸余地,使覆盖后的油泥层有足够的厚度。

(4)将软化的油泥用手覆盖在模芯表面。第一层覆盖在泡沫塑料表面的油泥层十分关键,油泥必须紧贴模芯表面,用于压实,不能留有丝毫间隙和裂缝,否则,油泥层极易脱落。

第六章 计算机辅助产品设计表现技法

由于经济、科技的发展和人们不断提高的审美需求,在产品设计领域里,数字化表现以它快速高效、效果逼真、色彩丰富等优点在众多表现方式中脱颖而出,数字表现作为设计师的必备技能,成为现代产品设计中激发设计创意和真实效果表现的主要手段。

第一节 计算机辅助产品设计表现的基本概念

计算机在产品设计表现中主要是运用软件进行产品三视图和效果图的绘制、渲染和后期制作。

随着计算机技术的快速发展,计算机的硬件和软件能力越来越强大。设计师可以从以往的缓慢或粗略的手工绘制图表中解放出来,基于计算机辅助设计软件将产品透视、色彩、材质真实地表现出来,并赋予产品色彩和材质,表现一定的表面肌理和明暗关系。在产品效果图修改阶段,计算机体现出比手工绘制较大的优势,再也不用像手工绘制那样需要重新绘制,只要在原来图形的基础上进行一定的删减或补充,即可轻松获得产品的优化设计方案。由于计算机的标准化、精确化,计算机成为设计领域沟通的桥梁,可以在设计的各个阶段实现各个部门或人员的协调合作,从而实现图形与数据的结合。同时,基于计算机技术的产品设计表现,可以与后续的数字工程化有机融合,充分体现数字化、智能化设计制造的优势。

第二节 计算机辅助产品设计表现常用软件和方法

在产品设计中,计算机不可能贯穿设计的全部过程。例如,在设计方案的构思阶段和设计草图绘制阶段都应该避免电脑的介入。因为一个人无论对其所使用的软件多么熟悉,他都会去思考利用什么样的方法去构筑模型,使用电脑会大大减少对方案进行深入思考的时间。专心致志地进行思考和设计,在获得满意的方案之后再进行电脑设计与制作,将有利于整体工作效率的提高,并有助于设计方案的进一步深化。

下面详细说明常用的工业设计应用软件及其特点。

1. Illustrator

Illustrator 是标准矢量图形软件,是在印刷、网络及其他任何媒体上实现创意的人员的基本工具,此软件具有功能强大的新三维功能、高级印刷控件、平滑 Adobe PDF 集成、增强打印选项以及更快速的性能,可帮助用户实现创意,并将艺术创作高效分发到任何地方。

2. CorelDRAW

CorelDRAW 是一个平面设计软件,具有 AutoCAD 的大部分平面制图功能,而且比 AutoCAD 更加直观。同时,CorelDRAW 软件是基于矢量特征进行图形的绘制,在图形放大、缩小、旋转等时,图形的清晰度都不发生变化。很多设计师在画三视图时,用 CorelDRAW 完成。CorelDRAW 的接口做得非常好,几乎能接受所有图形软件格式,文字排版功能也有相当的优势,深得工业设计师的喜爱。

3. Alias

这是 Alias/Wavefront 公司研制的三维造型设计软件。其中的 3D CAID 软件产品是特别为工业设计开发的。它的特点是提供参数化建模系统,可方便设计师对产品的评价和修改。设计师可在设计初期选择手绘的设计速写或草图方式表达创意,这些画在纸面上的草图可以通过扫描转换成 2D 曲线,作为生成 3D 模型的轮廓线。该软件还提供了 2D 草图绘制工具,包括各种笔刷和颜色,设计师可以利用数字手写板直接将设计速写画在电脑上,这些画上去的线条能够直接转换成用于 3D 建模的轮廓线。

4. Rhino

Rhino 是一个小型的专为解决产品造型中复杂曲面造型而设计的建模软件,有很高的性能价格比,硬件要求很低,能自如运行于目前主流计算机操作系统。Rhino 生成的模型可方便地导入 3ds Max。

5. Pro/E

Pro/E 是美国 PTC 公司的产品,是目前使用最多的产品工程化设计软件。它从产品的构思、完善到生产加工都高度智能化、专业化和规范化。在前期的建模、造型方面,它能方便地生成曲面、倒角等其他软件难以完成的任务;在后期的工程设计方面,它能自动优化产品结构、材料和工艺,完成 CAD/CAM 的转化。

参 考 文 献

[1] 张蓓蓓.产品设计快速表现技法:手绘与数位绘制[M].北京:电子工业出版社,2021.

[2] 陈玲江.工业产品设计手绘与实践自学教程[M].2 版.北京:人民邮电出版社,2020.

[3] 曹学会.产品设计马克笔手绘表现[M].北京:中国纺织出版社,2020.

[4] 郑志恒,史慧君,傅儒牛.产品设计手绘表现技法[M].北京:化学工业出版社,2020.

[5] 王艳群,张丙辰.产品设计手绘与思维表达[M].北京:北京理工大学出版社,2019.

[6] 孟凯宁,刘嘉豪,孟颖.设计透视与产品速写[M].北京:化学工业出版社,2018.

[7] 汪海溟,寇开元.产品设计效果图手绘表现技法[M].北京:清华大学出版社,2018.

[8] 薛文凯,孙健.产品手绘设计表现技法[M].合肥:安徽美术出版社,2018.

[9] 安静斌.产品造型设计手绘效果图表现技法[M].重庆:重庆大学出版社,2017.

[10] 李红萍,姚义琴.产品设计手绘快速表现[M].北京:清华大学出版社,2015.

[11] 杨亚萍.产品设计手绘技法[M].北京:海洋出版社,2015.

[12] 曹伟智.产品手绘效果图表现技法[M].沈阳:辽宁美术出版社,2014.

[13] 汪梅,吴捷.效果图表现技法[M].北京:中国轻工业出版社,2014.

[14] 林国胜.效果图制作基础与应用教程:3ds Max 2012＋VRay[M].北京:人民邮电出版社,2013.

[15] 艾森,斯特尔.产品手绘与创意表达[M].陈苏宁,译.北京:中国青年出版社,2012.

[16] 艾森,斯特尔.产品设计手绘技法[M].陈苏宁,译.北京:中国青年出版社,2012.